COMPTE RENDU

DES

EAUX THERMALES D'AIX EN SAVOIE,

PENDANT L'ANNÉE 1854.

Par DAVAT, docteur en médecine de la faculté de Paris, de celle de Turin; président de la Commission médicale des Thermes en 1854, membre de la Société de Chirurgie de Paris, de la Société médicale d'Émulation de Paris, de celle de Lyon, de la Société de Médecine du Canton de Genève, etc. etc.

PARIS,

TYPOGRAPHIE DE FIRMIN DIDOT FRÈRES,

IMPRIMEURS DE L'INSTITUT,

RUE JACOB, 56.

M DCCC LV.

COMPTE RENDU

DES

EAUX THERMALES

D'AIX EN SAVOIE,

PENDANT L'ANNÉE 1854.

CHAPITRE PREMIER.

Progrès matériel et moral de l'établissement thermal d'Aix. — Création d'une commission médicale. — Hôpital. — Tableau des maladies.

Le 5 novembre 1853, le gouvernement, en affermant pour vingt années l'établissement thermal d'Aix, a décrété la dépense de 900,000 livres pour sa restauration, réalisant ainsi les projets que les changements politiques de 1814 avaient empêché l'empire français d'exécuter.

En proposant cette mesure, un ministre éclairé avait compris de quelle importance étaient nos thermes; et, en l'approuvant, notre roi bien-aimé, Victor-Emmanuel II, a voulu achever l'œuvre de la maison royale de Savoie, qui n'a cessé depuis 1772 de les entourer de son auguste sollicitude.

Un règlement nouveau, conséquence de ce contrat, a mis fin à toute lutte de rivalité, et a substitué au monopole antique l'esprit d'étude et de progrès scientifique. Il a été arrêté que le corps médical, composé de MM. Despine, Davat, Blanc, Veyrat, Berthier, Guilland, Vidal, Forestier et Gaillard, formerait une commission consultative, dont la présidence se renouvellerait chaque année, à l'ancienneté.

Appelé à ce titre à rendre compte de la saison qui vient de s'écouler, qu'il me soit permis avant tout d'être ici l'interprète des sentiments de sincère reconnaissance de la ville d'Aix envers le gouvernement. Il est heureux que ce projet de restauration ait été adopté; car depuis 1849 l'affluence des étrangers était devenue si grande, que les thermes anciens menaçaient d'être bientôt insuffisants. Déjà ils n'allaient plus être en rapport avec les constructions nouvelles qui s'élèvent de toutes parts, et le moment était venu d'utiliser plus complétement la richesse et l'abondance de ces sources, qui sont sans rivales.

Un plan, dont un des principaux mérites est de relier d'une manière tellement intime l'établissement ancien au nouveau que le service n'éprouvera pas la moindre entrave pendant la durée des travaux, a été dressé, pour la partie architecturale, par M. Pellegrini, à qui on doit déjà le Casino, et, pour la partie thermale, par M. l'ingénieur Jules François, inspecteur général des eaux minérales de France, qui a déjà obtenu de si grands résultats dans les établissements des Pyrénées, des Vosges et du Mont-Dor. En l'autorisant à se charger de ce travail, le gouvernement français a prouvé que la science n'avait pas de nationalité, et qu'un lit de rivière ne peut diviser des populations que les mœurs et les traditions ont toujours réunies.

Les travaux de captation et d'aménagement des sources seront bientôt terminés; des contrats d'acquisition de terrains pour l'établissement des nouveaux thermes viennent d'être passés pour une somme de plus de 200,000 livres; et l'activité avec laquelle les travaux s'exécutent ne laisse aucun doute que le 1er mai 1857 sera le jour de l'inauguration du nouvel établissement, le plus complet de l'Europe, qui sera la gloire du règne de notre bien-aimé souverain.

Mais pour faire comprendre l'importance des nouveaux thermes et les ressources nombreuses qu'ils créeront, je ne saurais mieux faire que de rendre compte du rapport du savant ingénieur :

« Deux affluents alimentent les thermes d'Aix : l'un sourd dans « la grotte de Soufre, l'autre au puits d'Enfer. Ce dernier, qui se « perd en portion, va alimenter les sources Fleury, Héritier, Cha- « bert, et probablement celle du Cul-de-Lampe.

« Ces affluents divers débitent par vingt-quatre heures :

« La source de soufre.............	1,550,000 litres	à 43,40	c. temp.
« La source d'alun................	1,006,000 »	à 45,50	
« La source Fleury-Héritier-Chabert..	350,000 »	à 46,70	
« Total......	2,906,000 litres.		

« On conçoit qu'avec des ressources aussi remarquables, on ne « se soit pas préoccupé de régulariser dans le principe l'emploi « des eaux, et qu'on se soit borné à prendre les dispositions né- « cessaires pour les porter en quantité considérable, exubérante, « sur les lieux d'emploi.

« Mais, avec l'accroissement de la fréquentation des bains, de « nouveaux besoins se sont manifestés. En même temps que « les différents modes d'administration des eaux se développaient, « il a fallu étendre l'établissement et construire des réservoirs de « recette.

« La capacité de ces réservoirs, établis seulement pour l'eau « d'alun et l'eau douce, ne s'élevant pas au delà de 75,000 litres, ne « suffit plus aux exigences du service. Il a dès lors fallu songer « aux moyens d'approvisionnement des eaux douces et minérales. « L'importance de cette mesure est d'ailleurs sérieusement indi- « quée et motivée dans le rapport, du 16 septembre 1853, de la « commission médicale.

« On le voit, l'amélioration des bains d'Aix n'est pas seulement « une question d'extension et de multiplication balnéatoire per-

1.

« fectionnée : c'est aussi et surtout une question de bon aména-
« gement et de distribution bien entendue des eaux douces et
« minérales.

« Le document que je viens de citer, le rapport de la com-
« mission médicale du 16 septembre précité, indique les condi-
« tions à remplir pour améliorer les bains, et se résument à ce
« qui suit :

« 1° Multiplier les moyens d'appliquer les sources, soit en dou-
« ches, soit en vapeurs diverses;

« 2° Améliorer la distribution de l'eau de soufre aux douches;

« 3° Organiser de bons bains et de bonnes piscines, soit ordi-
« naires, soit natatoires et gymnastiques;

« 4° Établir des salles d'inhalation perfectionnées; introduire
« l'emploi varié des bains et douches de vapeur spontanées et
« forcées, avec ou sans massages, frictions, immersions, etc.

« Pour remplir ces indications diverses, nous avons compris
« que si certains bains peuvent être pris à distance, il ne saurait
« en être de même des autres modes balnéatoires, tels que dou-
« ches, piscines, vapeurs spontanées, qui composent les détails
« essentiels de la médication hydro-thermale d'Aix et constituent
« sa tradition hydro-médicale.

« C'est donc au voisinage et autour de ces éléments précieux
« que nous devions rechercher les moyens d'étendre et d'amé-
« liorer nos thermes.

« Dans cette pensée, nous avons voulu faire servir la déclivité
« du terrain qui précède les bains actuels à l'établissement de
« nouvelles douches dans des conditions convenables de chute et
« de pression.

« La source de soufre, dont le réservoir contiendra 450 mè-
« tres cubes, aura 4m,5o d'élévation au-dessus des nouvelles dou-
« ches.

« La source d'alun, renfermée également dans une capacité de

« 750 mètres cubes, sera élevée de 12 mètres au-dessus du sol de
« l'établissement.

« Les réservoirs d'eau douce auront à leur tour un diamètre
« plus espacé et une pression plus forte.

Toutes ces masses d'eau seront encaissées avant l'été; il ne
restera plus qu'à opérer la distribution dans des localités convenables. M. Pellegrini, l'architecte du Casino, chargé du mo-
nument, a divisé son plan en étage inférieur et en premier étage.
Ce plan, qui se relie admirablement à l'établissement créé par
M. de Robilan, le conserve dans tout ce qu'il y a de beau, de
bon et d'utile, et assure ainsi à notre pays la continuation des
moyens qui ont fait jusqu'à ce jour et la réputation de nos
thermes, et la prospérité de nos habitants.

Le jugement et la sagesse de MM. François et Pellegrini se sont
ainsi rencontrés avec la tradition populaire, qui place dans nos
douches du Centre et d'Enfer le palladium de leur cité, et l'an-
nexion qu'ils vont leur faire contiendra :

« 1° *Étage inférieur :*

>   « 2 buvettes d'eau de soufre;
>   « 2 buvettes d'eau d'alun;
>   « 2 buvettes d'eau froide;
>   « 2 douches à bouillons;
>   « 4 douches à bassins dits *princiers*, communiquant avec les bouillons;
>   « 4 douches à bassin relevé.

« Chacune de ces dix douches a deux vestiaires formant passages
« pour la rapidité et la commodité du service. Elles seront ali-
« mentées principalement par l'eau de soufre et la froide; mais on
« y emploiera facultativement l'eau d'alun. Les douches d'alun
« pourront se donner, soit de premier jet, soit par l'intermédiaire
« de bâches de mixtion. Chaque douche comprendra deux jets à
« température variable et facultative, pouvant faire douche ju-
« melle; une douche écossaise; un bain de pluie, avec douche

« latérale ou locale mobile; deux grandes douches de pression,
« avec bassin-piscine. Ces douches, qui sont pourvues d'un vestiaire
« avec lit de repos, reçoivent à volonté les eaux d'alun et de sou-
« fre, ainsi que l'eau froide.

« En dehors des douches indiquées ci-dessus, elles compren-
« dront la douche du cercle, la douche à colonne et la douche
« en lame.

« Elles serviront, selon les besoins, aux applications de l'hydro-
« thérapie à l'eau froide.

> « 2 douches ascendantes diverses;
> « 2 bains de siége et de pieds avec douche et pluie;
> « 2 piscines de 15 places avec vestiaire;
> « 2 salles d'attente et de consultation;
> « 4 loges pour le contrôle du service;
> « 1 vestibule;
> « 3 trois escaliers, dont un central et deux latéraux;
> « 2 plains-pieds pour les chaises à porteurs;
> « 4 lieux à l'anglaise pouvant être convertis en douches ascendantes;
> « Enfin divers passages et dépôts pour les appareils.

« Soit, en récapitulant :

> « 12 grandes douches diverses;
> « 4 douches ascendantes et bains de siége et de pieds;
> « 2 piscines.

« Chacune des parties composant cet étage sera ventilée au
« moyen de châssis avec vasistas en fer galvanisé ou en bois
« injecté.

« Les douches de soufre de cet étage pourront varier de 2 mè-
« tres à 6^m,50 de pression. Quant aux douches d'alun et d'eau
« froide, leur pression, qui d'ailleurs sera facultative, pourra s'éle-
« ver jusqu'à 15 mètres.

« La pression moyenne des douches avec bâches de mixtion
« sera de 9 à 10 mètres.

« Les parties latérales du soubassement sont isolées du terrain

« déclive extérieur, au moyen de saut de loup, dont le tracé et
« le profil inférieur sont dans les détails des douches du soubas-
« sement.

« *Premier étage*. Le premier étage du projet se confond avec le
« rez-de-chaussée actuel, dont il n'est que l'extension. Il renfer-
« mera, en outre des parties conservées, savoir :

> « 2 salles d'attente;
> « 2 salles de secours et de consultations ;
> « 3 plains-pieds ou dépôts de chaises à porteurs;
> « 2 chauffoirs et dépôts de linges;
> « 4 loges pour le contrôle du service ;
> « 2 buvettes d'alun et de soufre;
> « 2 piscines de natation (alun, soufre, froide);
> « 10 cabinets de bain avec douches moyennes (alun et froide pour douche,
> « soufre pour bain);
> « 16 bains simples avec douches locales mobiles (alun et froide, soufre pour
> « bain) ;
> « 2 lieux à l'anglaise.

« Quant au niveau supérieur du premier étage, qui est assis sur
« et près le réservoir de soufre, il comprendrait, selon le projet :

> « 4 grandes douches avec double vestiaire (alun et froide), munies de tous ap-
> « pareils variés;
> « 8 douches locales fixes, diverses, révulsives, bains de pieds et de siége ; douches
> « ascendantes diverses;
> « 2 salles d'inhalation (vapeur de soufre);
> « 4 bains de vapeur totaux ou partiels (vapeur de soufre).

« BAINS ACTUELS.	« BAINS AMÉLIORÉS.
« 2 buvettes (alun et soufre);	« 6 buvettes (alun et soufre);
« 7 bains simples (alun et soufre);	« 16 bains simples avec douches locales
»	« mobiles (alun et soufre);
»	« 10 bains avec douches moyennes (soufre
»	« pour bain, alun pour douche);
»	« 2 piscines ordinaires de 15 à 20 places
»	« chacune;
« 2 piscines natatoires (alun et soufre);	« 2 piscines natatoires et gymnastiques
»	(alun et soufre);
« 11 douches des divisions du Centre,	« 11 douches des divisions du Centre,
« d'Enfer et des Princes;	« d'Enfer et des Princes;
« 3 douches nouvelles des Princes;	»
« 5 douches albertines;	« 5 douches albertines;
»	« 10 douches nouvelles de soubassement;
»	« 2 grandes douches de pression;
»	« 4 douches nouvelles des Princes;
« 1 salle d'inhalation;	« 3 salles d'inhalation;
»	« 4 bains de vapeur;
« 1 étuve;	« 1 étuve;
« 2 douches locales fixes;	« 8 douches locales diverses révulsives et
»	« autres;
« 1 douche ascendante.	« 8 douches ascendantes diverses et bains
»	« de siége. »

Les nouveaux thermes renfermeront donc en applications, en moyens thérapeutiques, tout ce que l'art et la science ont créé jusqu'à ce jour de plus complet : des sources manœuvrées jusqu'à 46 degrés centigrades de température; des vapeurs hydrosulfureuses, carboniques, azotées, à proportions, variées et maintenues à des températures calculées jusqu'à 36 degrés; des chutes d'eaux minérales tassées ou divisées à toute pression. Des appareils multipliés à l'infini formeront le contingent des ressources mises au service de nos malades.

En attendant, de nombreuses améliorations ont été apportées dès la saison dernière dans le service des bains. La commission médicale, dès son entrée en fonctions, a eu à formuler son rapport sur les plan et devis des constructions de l'établissement nouveau.

Elle s'est occupée de son règlement particulier, du règlement inté-
rieur de l'établissement, du compte rendu du service hebdoma-
daire, et de toutes les améliorations à importer pour le bon emploi
et la meilleure direction de nos sources thermales. Ces divers sujets
d'étude n'ont pu lui permettre d'aborder qu'indirectement quelques-unes des grandes questions de thérapeutique thermale ; ce
sera l'œuvre de mon excellent confrère le docteur Blanc, président
actuel.

Entre autres améliorations introduites par la nouvelle administration, je dois faire connaître l'obligation qui a été prise par cha-
cun des médecins de l'établissement, d'y rester à tour de rôle pendant toute la durée du service, aux fins de protéger le malade
contre tout accident. Nous avons remarqué que ce service s'était
fait avec le plus louable empressement.

Nous devons constater aussi que le règlement nouveau, ensuite
duquel tous les employés ont été pourvus d'un uniforme, a été
suivi avec exactitude, et que jamais on n'avait reconnu de leur
part plus de respect vis-à-vis des baigneurs, plus de propreté et
plus de convenance dans leur service.

Les pauvres ont eu à se réjouir aussi du nouvel état de choses ;
leurs anciens priviléges leur ont été conservés, et les secours nombreux qui leur sont alloués par la bienveillante sollicitude du directeur de nos établissements divers ont amélioré leur situation, et
permettent d'en soulager un plus grand nombre. Ceux qui ne peuvent trouver place à l'hôpital reçoivent en ville les soins gratuits
des médecins et des employés de l'établissement ; ils ne dépensent
guère plus que ceux qui sont logés à l'hôpital, où ils doivent payer
1$^{fr.}$ 5o par jour.

L'hôpital d'Aix, aussi ancien que la commune, semblait avoir
disparu dans la période du dernier siècle, par l'emploi de ses ressources à d'autres œuvres pies. Reconstitué en 1813 par les géné-
reuses attentions de la reine Hortense, de M. Haldiman et de la

commune, et plus tard doté par S. M. Charles-Félix, il a pu rendre de grands services aux malades qui nous viennent de toutes parts. Mais ses ressources sont encore insuffisantes; l'idée de ses fondateurs doit être reprise; elle fait appel à la générosité de tous les hommes de cœur. Un jour, saint Bernard s'adressa à tous les grands de la terre pour son hospice du mont Jow; tous les princes répondirent à sa demande, et pourtant son établissement à la cime des Alpes était moins visité que notre Aix, où les ressources thermales appellent les souffrances de tous les coins de l'Europe. Déjà nous devons à la générosité de S. M. l'empereur des Français une rente de 700 livres, dont il a bien voulu doter l'hôpital, en continuation et en souvenir de l'œuvre bienveillante de son auguste mère. Que Dieu l'en récompense par la prière des pauvres et par l'amour de ses sujets!

L'hôpital d'Aix ne compte que trente-deux lits, seize pour hommes et autant pour femmes. Il a néanmoins fourni cet été place à cent vingt-huit malades. Mais pour obtenir une de ces places, dont le nombre est malheureusement trop restreint, il faut écrire à l'avance à M. le directeur de l'hôpital, afin de ne pas s'exposer, en arrivant à Aix, à ne pas être admis, ou à attendre trop longtemps qu'une place soit vacante.

Ainsi se sont réalisés en 1854 des progrès importants, et cette réalisation est réelle; car l'administration, avec les mêmes volumes d'eau qui ne suffisaient pas les précédentes années, avec le même nombre d'employés, jadis toujours en retard, a pourtant vu passer sous ses portiques près de 4,000 baigneurs, chiffre du quart supérieur à celui des plus brillantes saisons passées, et leur a fourni :

Bains ou piscines	10,289;
Douches des Princes	7,222;
» albertines	5,848;
» de soufre	7,223;
Vapeurs sulfureuses	7,223;
» d'eau d'alun	748;
» locales	191;
Douches locales	1,595.

Encore, dans ce chiffre énorme de 33,117 opérations, ne sont pas compris les bains, les piscines, les douches prises et par les malades de l'hôpital civil, et par ceux de l'hôpital militaire, et par les pauvres logés en ville; statistique dont on ne tient pas compte, parce que ceux-ci sont exempts des droits que perçoit l'établissement.

Aussi M. Donné, groupant notre Aix dans les établissements thermaux de France, avait-il raison de dire : « Aix est une localité « thermale privilégiée. La nature lui a prodigué ses faveurs. Eaux « à différents degrés de sulfurisation et d'activité, d'une tempéra- « ture telle que l'on n'est obligé ni de les réchauffer ni de les re- « froidir, s'écoulant par une pente naturelle en douches variées et « puissantes, et dans une telle abondance qu'elles sont intaris- « sables, qu'elles jaillissent jour et nuit par je ne sais combien de « robinets qu'on ne ferme jamais, qu'elles inondent les cabinets, « alimentent les piscines, les fontaines publiques...; et toute cette « richesse dans un pays délicieux. »

Parmi les 4,000 malades venus à Aix, 17 à 1,800 seulement ont pris des douches; or, comme ces derniers ne peuvent les employer sans l'autorisation préalable d'un des médecins de l'établissement, la statistique des maladies pour lesquelles nos eaux ont été employées n'est donc absolument possible que pour eux, et le tableau ci-contre exprime le groupe et le nombre des cas qui se sont présentés.

2.

TABLEAU

DES MALADIES TRAITÉES PAR LES EAUX D'AIX, EN SAVOIE,

EN 1854.

NOMS DES MALADIES.	NOMBRE DES CAS.	DURÉE DU SÉJOUR.	MÉDICATION EMPLOYÉE.	GUÉRISON.	AMÉLIORATION.	STATIONNAIRE.
(1) MALADIES RHUMATISMALES. Musculaires..........	287	De 20 à 30 jours.	Bains, douches et vapeurs..........	87	200	»
Articulaires..........	93	De 30 à 40 id..	Id., id..........	42	41	10
Nerveuses..........	105	De 20 à 30 id..	Id., id..........	32	53	20
Goutte et Gravelle......	28	De 20 à 30 id..	Id., id..........	3	10	15
(2) MALADIES LYMPHATIQUES ET SCROFULEUSES. Des glandes..........	36	De 1 à 4 mois...	Bains, douches et vapeurs..........	»	36	»
Périostose..........	11	Id., id......	Id., id..........	1	10	»
Carie et nécrose........	43	Id., id......	Id., id..........	»	20	23
Tumeur blanche........	68	Id., id......	Id., id..........	»	68	»
Hydartrose...........	16	Id., id......	Id., id..........	»	16	»
(3) MALADIES SYPHILITIQUES. Secondaire..........	28	De 24 à 30 jours.	Bains, douches et vapeurs avec mercure.	26	2	»
Tertiaire..........	16	Id., id......	Id., id..........	9	7	»
(4) MALADIES DARTREUSES. Lèpre..........	7	De 1 à 3 mois...	Bains, douches et vapeurs. Boissons, eaux de Merlioz et de Challes..........	»	»	7
Psoriasis..........	13	Id., id......	Id., id..........	»	10	3
Pytiriasis..........	10	Id., id......	Id., id..........	»	7	3
Eczéma..........	22	Id., id......	Id., id..........	»	15	7
Prurigo..........	17	Id., id......	Id., id..........	1	12	4
Lichen..........	9	Id., id......	Id., id..........	»	7	2
Herpès..........	26	Id., id......	Id., id..........	2	22	2
Impetigo..........	14	Id., id......	Id., id..........	»	11	3
Acné..........	22	Id., id......	Id., id..........	8	12	2
Lupus..........	11	Id., id......	Id., id..........	»	4	7
(5) MALADIES CATARRHALES. Laryngite..........	25	De 30 à 40 jours.	Bains, inhalations des vapeurs du soufre..	17	8	»
Bronchite..........	57	Id., id......	Id., id..........	33	24	»
Ozène..........	19	Id., id......	Id., id. Boissons sulfureuses......	»	13	6
Surdité..........	18	De 20 à 30 jours.	Id., vapeurs et douches..........	1	2	15
Asthme humide........	24	Id., id......	Id., id..........	7	17	»
Flueurs blanches......	61	Id., id......	Id., et douches..........	24	37	»
Dyssenterie..........	29	Id., id......	Id., id..........	3	12	14
Perte séminale........	24	De 30 à 40 jours.	Id., id..........	2	12	10
Gonorrhée..........	26	De 20 à 30 id..	Id., id..........	22	»	4
(6) MALADIES NERVEUSES. Sciatique..........	28	De 20 à 30 jours.	Bains, douches et vapeurs..........	18	10	»
Faciale..........	16	Id., id......	Id., id..........	3	13	»
Paralysie..........	29	Id, id......	Bains et douches..........	»	12	17
Miellite..........	17	Id., id......	Id., id..........	»	4	13
Méningite..........	49	Id., id......	Id., id..........	6	40	3
Asthme nerveux........	14	Id., id......	Bains et vapeurs..........	»	6	8
Angine pectorale......	9	Id., id......	Bains, douches et vapeurs..........	»	5	4
Folie..........	1	Id., id......	Douches et bains prolongés..........	»	»	1
(7) MALADIES ENGORGEMENTS. De l'utérus..........	22	De 30 à 40 jours.	Bains et douches..........	»	18	4
Des viscères du ventre..	16	Id., id.	Id., id..........	»	2	14
Des seins..........	12	De 20 à 30 jours.	Id., id..........	»	7	5
De la prostate........	18	De 30 à 40 id..	Id., id..........	»	11	7
Des amygdales........	22	De 20 à 30 id..	Id., id..........	6	16	»
(8) MALADIES CHIRURGICALES. Fractures..........	27	De 20 à 30 jours.	Bains et douches..........	18	9	»
Ulcères chroniques.....	22	De 15 à 20 id..	Id., id..........	12	10	»
Roideurs tendineuses ...	17	Id., id......	Id., id..........	17	»	»
Ankyloses..........	20	De 20 à 30 jours.	Id., id..........	»	20	»
Plaies d'armes à feu....	20	Id., id......	Id., id..........	16	4	»
MALADIE MERCURIELLE..........	11	De 20 à 30 jours.	Bains et vapeurs..........	11	»	»
STÉRILITÉ..........	17	De 20 à 30 jours.	Bains et douches..........	0	»	»
SUPPRESSION DU FLUX HABITUEL..........	14	De 20 à 30 jours.	Bains et douches..........	9	5	»
TOTAUX..........	1550	....	....	430	880	223

CHAPITRE II.

Variété d'espèces dans les maladies. — Variété dans la durée de la cure. — Dangers de la trop presser. — Elle peut être continue ou interrompue. — Rechute des malades.

Très-assurément la classification qui précède ne peut être exempte de reproches : dans un travail incomplet et sans portée pratique, on a des licences, et je me suis contenté de grouper les espèces, afin de montrer bien vite les maladies que nos sources ont attaquées et guéries. Toutefois, et malgré son insuffisance apparente, ce tableau signale une étonnante variété dans les lésions qui se sont présentées, aussi bien que la prédominance du nombre de quelques-unes sur les autres.

Le traitement thermal doit être mis en pratique avec précaution, et on ne se repentira jamais d'y apporter de la lenteur, et d'espacer les opérations qui en constituent la méthode. La raison de ce principe est fort simple et rationnelle, puisqu'elle s'appuie sur une fonction physiologique mise en jeu dans la constitution. En effet, le dernier résultat de l'action de nos sources sur l'économie, qu'elles soient prises en bain, en douche, en boisson, est une modification constitutionnelle déterminée par suite de l'absorption des éléments qu'elles renferment par la respiration, par la peau ou par les voies intestinales.

Cette modification ne peut jamais être primitive ; avant qu'elle s'accomplisse, les éléments absorbés sont charriés et battus dans le torrent circulatoire, puis consécutivement déposés dans les cellules.

Chaque opération thermale pratiquée par le malade voit surcroître la dose des éléments absorbés, et cette dose incessante peut être poussée à l'excès, à la saturation, avant que nulle modification ait eu le temps d'être produite; l'économie souffre alors, éprouve les effets d'une plante arrosée constamment de sucs trop riches, et la vie intersticielle des régions malades, loin de les ramener à l'état normal, leur fait éprouver des transformations, ici congestives, ailleurs purulentes, quelquefois charnues, et plus souvent fibreuses.

En outre de ces raisons sérieuses, qui invitent à ne pas presser la médication thermale, les sources elles-mêmes renferment des principes d'excitation puissante qui réagissent sur les divers systèmes de notre économie, et y produisent des perturbations qui à leur tour exigent l'emploi d'un temps d'arrêt, joint à un moyen approprié pour faire tomber la stimulation établie.

L'interprétation qui précède, en groupant autour d'elle les maladies diathésiques qui ne peuvent cesser que par une modification de l'organisme, laisse apercevoir la possibilité de l'existence d'autres lésions moins graves, où la médication thermale peut par conséquent être continuée sans interruption jusqu'à guérison; et ici se rangent toutes les affections traumatiques locales : fractures, roideurs articulaires, etc. Sous ce double rapport, la cure, à l'aide des eaux thermales, peut donc être ou continuée ou interrompue.

Dans les cas d'interruption, il importe que le repos soit autant que possible à période fixe. On rentre, en suivant ce précepte, dans les indications de notre organisation elle-même, dont tous les grands actes, comme ceux de l'univers, s'accomplissent périodiquement.

On voit qu'il est fort difficile de décider *à priori* quel est le temps nécessaire à guérir une maladie. Cette solution, subordonnée à une foule de circonstances, est le plus souvent insaisissable. Néanmoins, on a le droit d'espérer qu'on vaincra en trois ans un scrofule rebelle qui aura été immergé six mois par an. Il en est de même d'une nécrose, d'une carie, d'une maladie de la peau, etc. La période triennale a sa valeur exacte dans le rhumatisme, les névralgies. Vingt-cinq à trente jours de douches sont nécessaires pendant ces trois ans pour éviter les rechutes.

Je ne saurais trop remarquer, à l'endroit des rechutes, combien est fatal au malade son inconstance, son défaut de ténacité à continuer un moyen commencé, n'eût-il fait que le soulager. J'ai vu plus de trente malades venir à nos eaux, s'en trouver bien, les abandonner par inconstance, et être aujourd'hui estropiés par des caries, des ankyloses. Quand nos sources ont dit un mot, il faut s'y fier; et je suis convaincu que si on les eût continuées, on aurait évité ces revers.

CHAPITRE III.

Du meilleur moment pour suivre une cure thermale. — Climat d'Aix. — Casino organisé pour un séjour d'hiver. — Restauration de l'établissement thermal. — Ressources qu'on y trouvera.

Il n'est pas également aussi facile qu'on le croit de déterminer quelle est la meilleure époque pour employer nos sources. Si généralement on préfère l'été, en s'appuyant sur la température élevée, qui favorise les sécrétions cutanées et n'expose pas aux impressions froides des autres saisons, on pourrait bien ne pas avoir toujours raison; car alors on ne tient pas compte ni de l'influence des climats chauds ou tièdes sur certaines maladies, ni de l'influence du climat chaud ou froid sur nos sources. Il est certain que l'une ou l'autre de ces conditions modifie particulièrement les sources et agit sur l'économie humaine.

Nos vapeurs sulfureuses, infiniment plus actives l'hiver que l'été, attaquent le fer, le dévorent, transforment en sulfates les bases calcaires qu'elles touchent, et donnent ainsi la preuve de leur mérite plus réel pendant cette saison sur les maladies attaquables par le contact médiat; telles sont : les affections de la peau, celles des organes de la respiration, et même du sang.

Je ne crois pas que cette activité dans nos sources soit uniquement subordonnée à la température extérieure. Le travail qui s'opère dans les entrailles du sol, au foyer de calorification et de minéralisation, doit nécessairement éprouver des modifications intimes, insaisissables pour nous, suivant que l'eau échauffée est le produit de neiges fondues ou de pluies, et pourrait bien intervenir, de son côté, de façon à donner à nos sources les qualités que je signale. On trouve, au surplus, une probabilité de cette intervention dans l'allure de l'eau d'alun, dont la puissance carbonique augmente à son tour et d'une manière assez forte pour que l'acide se sature de bases terreuses, qu'il dépose en quantité bien plus abondante pendant la froide saison, et qui finiraient bientôt par oblitérer ses canaux, si l'on n'y apportait empêchement.

Telles sont les premières raisons thermales en faveur de l'utilité et de la nécessité d'une cure entreprise en d'autres temps que pendant l'été. La marche d'une foule d'affections milite à son tour en faveur de cette doctrine. Il n'y a pas un praticien qui ne sache quelle influence le climat exerce sur le développement de telle nature de lésions. Il y aurait, pour arriver à la précision absolue, une intéressante étude à faire sur ce sujet; et la classification qu'on en pourrait faire, mise en rapport avec l'époque de la puissance de nos sources, aurait sa valeur exacte.

J'ai, par anticipation, avancé que les affections cutanées, pulmonaires, seraient plus utilement attaquées l'hiver. Les névroses, les rhumatismes obtiendraient à leur tour une solution favorable dès les premiers beaux jours du printemps. Ici la nature et l'art interviennent pour seconder l'action thermale; et certainement je ne poserais pas cette indication si précise, si le climat d'Aix, les habitations, l'intelligence des personnes qui y demeurent, n'étaient

3

faits pour sauvegarder les baigneurs contre toute perturbation dangereuse.

M. Lombard de Genève, dans le court séjour d'un mois qu'il a fait à Aix, a observé une *grande fixité dans la température, l'absence des vents froids* ; puis, en conséquence, *chaleur* et *humidité*, comme traits caractéristiques du climat. Cette appréciation, appliquée à la généralité des saisons, n'est peut-être pas exacte. Notre bassin d'Aix, parfaitement protégé contre les vents d'est et d'ouest par les hautes lignes parallèles et jurastiques du mont du Chat et du Revard, est abrité des vents du nord et du sud par des collines tertiaires, et des coteaux diluviens et successifs qui séparent les multiples vallées de la Savoie de la grande vallée du Léman. Son élévation au-dessus de la mer est de 220^m,96 ; d'excellentes eaux l'arrosent et l'abreuvent ; mais cependant, et quoique la température du jour soit moyennement égale, il y a de grandes variations thermométriques le soir et le matin, aux heures du lever ou du coucher du soleil.

A côté de ces variations nocturnes, ce qu'il y a d'exactement vrai dans la température du bassin d'Aix, c'est la différence notable de chaleur qu'il présente avec les bassins de Chambéry et de Genève. Ainsi, le thermomètre est généralement, à Aix, élevé de 5 degrés centigrades au-dessus de celui de Genève, et 1°,9 au-dessus de celui de Chambéry.

L'humidité ne paraît pas, à son tour, devoir être un des traits caractéristiques de notre climat. L'hygromètre, au contraire, l'exprime plus sec que ceux de Lyon et de Paris. Il est difficile, du reste, qu'il en soit autrement dans une région où nous n'apercevons jamais de brouillard, où les phénomènes électriques sont à leur *summum* d'intensité, où la végétation la plus riche et la plus luxuriante décèle la puissance de la vie végétale et les bonnes conditions pour y séjourner. Si quelques étrangers éprouvent à leur arrivée une sensation d'affaissement et de détente organique, nous devons plutôt l'attribuer aux conditions nouvelles sous lesquelles ils se trouvent brusquement exposés, et dans lesquelles l'électricité joue un grand rôle.

Quoi qu'il en soit, l'observation a confirmé que tous les malades atteints d'insomnie, de tension et de mobilité nerveuses, de cet état de malaise indéfinissable qui se traduit par des céphalalgies sus-orbitaires, sincipitales, par des resserrements épigastriques, trouvent sous notre climat un amendement très-prompt à leurs misères habituelles.

De leur côté, les habitants d'Aix ont fait beaucoup pour seconder les effets salutaires de leurs sources et du climat. Depuis quatre ans, la ville a pris un développement remarquable : des constructions nouvelles offrent les commodités et le confortable exigés pour leur destination. Le progrès a marché avec les besoins de cette localité consacrée aux malades. On y trouve toutes les ressources réclamées par une longue pratique de plusieurs siècles. Les habitants, voués par tradition et par mœurs à une existence de soins et de précautions autour des baigneurs, n'ignorent absolument rien de ce qui leur est nécessaire. Voilà ce qu'il est difficile de transporter et d'implanter, même pendant la vie d'une génération, dans une population qui n'y a pas été habituée ; voilà ce qui, joint à l'intelligence de nos employés thermaux, doucheurs et porteurs ; ce qui, annexé à l'abondance de nos sources, à leur admirable élévation et chaleur, donnera toujours à Aix une suprématie incontestable sur tous les établissements d'Europe.

Le Casino, décoré avec luxe et bon goût, réunit la meilleure société. Son jardin, ses cabinets de lecture, ses deux orchestres, offrent au malade les distractions les plus variées, et concourent, en remplissant la journée, à fournir cette absence de préoccupations, cet oubli des douleurs, cette quiétude morale indispensable à la réussite d'une cure thermale. Ses vastes portiques si bien exposés, ses salles si parfaitement disposées, sont chauffées par des

3.

calorifères qui en maintiendront la vaste enceinte à une température égale pendant les mauvais jours, et assureront aux baigneurs,
dont les nécessités morbides exigeront le séjour à Aix pendant les
saisons d'automne et d'hiver, un climat toujours égal, une existence
agréable, entourée par les ressources les plus propres à combattre
leurs maux. Aix, sous ce rapport, n'a rien à envier à Amélie-les-
Bains ; les maladies de poitrine, les affections scrofuleuses, les maladies de la peau, les blessures articulaires, et une foule d'altérations
ou de lésions organiques dont on ne peut renvoyer le traitement
sans exposer le malade à de graves conséquences, peuvent trouver
en tout temps et à l'instant même des ressources à Aix.

Que sera-ce lorsque l'établissement thermal, par suite du décret
royal dont j'ai parlé en commençant, aura été amélioré sur la plus
vaste échelle? Un million est affecté à cette grande restauration si
ardemment désirée, et ce million, nous le devons à l'initiative de
M. Bias, dont je ne saurais faire assez d'éloges. J'ose, au nom de
mes malades, qui seront mieux soignés à l'avenir, lui en offrir ma
gratitude, et lui renouveler combien je suis satisfait d'avoir été
pour quelque chose dans les circonstances qui en ont fait notre
compatriote.

Ce vaste plan de restauration et d'agrandissement a été confié
à M. l'ingénieur François, c'est-à-dire à l'homme le plus compétent,
le plus expérimenté en pareille matière; les indications de la commission médicale, fruit d'une expérience non moins grande, ont
servi de base à ses études : c'est dire assez que toutes les précautions ont été prises et que le succès est certain. Un an encore, et
aucun établissement thermal ne pourra rivaliser avec celui d'Aix.

CHAPITRE IV.

Action thermale. — Conseils pendant la cure. — Sudation. — Sa valeur. — Sobriété.
— Précaution au départ.

La puissance thermale subordonnée à une foule de circonstances dépend, d'un côté, de la température de l'eau, des proportions des éléments minéralisateurs qu'elle renferme, de la nature
de ces éléments; et, de l'autre, de la fonction à laquelle ils s'adres-
sent, des conditions générales dans lesquelles se trouve le baigneur,
enfin de l'état hygrométrique de l'air extérieur.

Sous le point de vue de leur action thérapeutique, nos sources
ont des effets plus simples. Si leurs éléments minéraux les rendent
diurétiques, sudorifiques, dépuratives, la température à laquelle
elles sont administrées change ces effets, et leur fait parcourir une
échelle de proportions mathématiques allant à deux extrêmes.

Ces sources peuvent ainsi être sédatives ou excitantes, révulsives
ou congestives.

Nous employons dans la cure thermale généralement l'une ou
l'autre de ces formes; nous les marions quelquefois; nous les alter-
nons en surveillant avec soin les perturbations qu'elles peuvent
amener, en suivant pas à pas les modifications qu'elles déterminent.
Quand l'excitation, marchant trop vite, réveille un éréthisme
sanguin ou nerveux, nous interrompons, pour recommencer jusqu'à guérison.

Ces quatre termes, *sédation, excitation, révulsion, congestion,*
que nous produisons à volonté et qui se terminent par une modification constitutionnelle, en disent plus en pratique que toute la
matière médicale, dont une foule des éléments sont contenus dans
nos courants thermaux eux-mêmes, et renfermés dans de telles
conditions, qu'ils y sont prêts pour l'assimilation organique.

Là s'arrêtent des remarques que je voudrais étendre, mais qui doivent faire place à quelques conseils généraux propres à être suivis pendant la cure thermale.

En général, les baigneurs qui viennent à Aix, croyant se guérir plus vite, se précipitent dans nos bains, nos piscines et nos douches ; et quand ils y sont, ils y restent de façon à faire croire qu'ils n'en ont jamais assez. Cette manière de procéder touche à un si grave écueil, qu'elle peut entraver la cure, en compromettre les résultats, et même mettre en péril l'imprudent malade. Quelle que soit la méthode à suivre indiquée par le médecin de l'établissement, le malade doit s'y conformer, et ne peut en dépasser la durée sans assumer sur lui-même la responsabilité de toutes les conséquences qui peuvent être la suite de sa liberté à s'écarter des indications qu'il a reçues.

La cure thermale à Aix se compose d'eaux minérales en boissons, de bains ou piscines, de douches tièdes ou chaudes, de douches tièdes et chaudes, de douches froides et chaudes ou jumelles, de douches locales, de douches générales, de douches à basse ou à haute pression, de douches à l'aide de toutes sortes d'appareils, de douches à l'eau de soufre pure, de douches à l'eau d'alun pure, de douches composées des deux eaux, de bains de vapeurs sulfureux, de bains de vapeur alumineux ; enfin de vapeurs sulfureuses attiédies pour la respiration. Dans nos cabinets de douches et de vapeurs, le massage, admirablement bien administré, est le plus souvent mis en usage. Les effets définitifs de tous ces moyens sont les mêmes ; seulement ils varient d'intensité, suivant la température du bain ou de la douche.

La sudation a ses limites. Cette conséquence des douches ou des vapeurs flatte assez les baigneurs pour qu'ils s'y livrent le plus souvent immodérément. En effet, il est d'usage, après qu'ils ont été bien frottés, bien arrosés d'eau chaude, qu'on les emmaillotte dans un drap de flanelle ou de toile recouvert d'une bonne couverture en laine, et qu'on les transporte dans un lit chaud, où ils suent à l'aise pendant tout le temps que dure l'excitation produite par la fièvre curative, momentanément développée à l'aide des éléments stimulants des sources, de la chaleur et du massage. J'ai vu des malades se gorger de liquides, se faire couvrir outre mesure, pour alimenter cette sudation, et rendre des quantités de liquides assez considérables pour percer maillot, matelas et garde-paille, de façon à ruisseler sur le plancher. J'ai de la sorte pu obtenir jusqu'à 400 grammes de ce liquide.

Cette sueur, d'un jaune plus ou moins clair, se nuance parfois d'une manière différente, suivant les maladies et surtout chez les enfants. Ces caractères physiques différents sont de précis témoignages refusés par l'analyse chimique. J'y ai vainement recherché le soufre, le mercure et même l'iode chez des malades soumis à ces derniers métaux. Pour être exact, je dois faire remarquer que ces caractères physiques, particuliers chez les enfants, sont toujours limités à une région, telle que la tête, les aisselles, les pieds.

Le baigneur aime à suer, et beaucoup, parce qu'il se persuade qu'il va chasser par ses pores tout ce qu'il a de corrompu dans le corps, tout ce qu'il a d'acrimonie dans le sang, tout ce qui nuit à sa santé. Ce qui le frappe le plus, c'est l'élimination, l'expulsion des principes morbides entraînés par la sueur provoquée par l'action dépurative des eaux. Cette opinion, émise comme doctrine par des médecins, le confirme de plus en plus dans sa croyance; aussi suit-il scrupuleusement la voie qui doit, à ses yeux, le conduire au rétablissement salutaire qu'il ambitionne. Il emploie donc tous les moyens capables d'accroître cette sudation, reste dans les étuves un temps prolongé au delà de ses forces, et se fait du mal par l'excès d'application des moyens qui, ménagés, pourraient le guérir.

La sueur, loin d'être toujours indispensable, n'est pas, dans quelques cas, une production nécessaire pour la guérison. S'il suffisait de transpirer pour voir disparaître certaines maladies dont on peut être affligé, on obtiendrait dans les étuves sèches des succès faciles et on ne peut plus abondants. Les expériences faites à cet égard n'ont pas répondu à l'attente, et les névralgies, les rhumatismes, les altérations scrofuleuses, sont restées ce qu'elles étaient.

Il y a donc dans nos sources des puissances autres que celles qui sollicitent la transpiration, et sur lesquelles on a droit de compter. Les sources thermales, minéralisées sur les roches des Gneis et des Septinites, arrivent chargées des émanations du feu central, charrient, à côté d'une foule de sels minéraux, des gaz azote, acide carbonique, hydro-sulfurique, de la silice, de la glairine en abondance, et nous apportent avec ce cortége le bienfait de leurs mystérieuses vertus.

La transpiration, à n'en pas douter, vient en aide à ces diverses puissances, et ce concours qu'elle leur donne pourrait bien être une de ses principales valeurs. En dépouillant l'économie de certaine quantité de liquides, en désemplissant les vaisseaux de la circulation, la transpiration thermale augmente les forces absorbantes, les additionne de jour en jour, les rend proportionnelles à la sueur, de manière que les vaisseaux absorbants finissent par fonctionner avec une énergie égale à celle des exhalants.

La transpiration réveille ainsi son antagoniste, l'absorption ; et quand ces deux fonctions sont en pleine activité, il s'établit dans les capillaires, comme dans les gros vaisseaux, un va-et-vient de mouvements liquides circulatoires qui jouent le plus utile rôle dans la vie organique.

L'absorption mise en jeu par les sueurs sollicite les puissances digestives, ordinairement frappées, au début de la cure, d'un léger état catarrhal. On a généralement de la tendance à manger trop. A Aix, les tables sont servies avec abondance, les mets y sont parfaitement préparés, et le baigneur a soif et faim. La résistance dans ces conditions est difficile ; pourtant la sobriété, et souvent une nourriture spécialement composée, sont d'indispensables conditions adjuvantes pour arriver à mettre un terme à des maux très-rebelles.

On a pu voir au tableau combien sont peu nombreux les malades dont la guérison est survenue pendant leur cure, tandis que la plupart s'en vont n'ayant obtenu que des modifications légères ou des améliorations insignifiantes. Ceux-là, désappointés ou mécontents, se retirent sans vouloir remarquer que le plus souvent ils n'ont pas accordé à leur traitement le nombre de jours même indispensable; ils ont brusqué leur cure, précipité leurs douches, sans même songer qu'ils venaient à Aix avec une maladie vieille de plusieurs années. J'ai rencontré souvent des malades, soumis à ces influences, aggraver leur situation, et partir en beaucoup plus mauvais état qu'ils n'étaient venus. Malgré ces inconséquences, le baigneur, s'il a satisfait à sa maladie par un traitement raisonnable, ne doit pas désespérer, et verra le bien-être succéder à ses souffrances peu après son départ.

Le propre des sources d'Aix est de ne produire leur dernier résultat que longtemps après le traitement et par leurs effets consécutifs. Le malade rentré chez lui doit donc prendre les meilleures précautions pour en favoriser l'établissement. Il ne perdra jamais de vue que sa cure thermale ayant été faite avec soin, son économie aura été saturée par les éléments minéraux renfermés dans les sources, et qu'il part emportant dans ces liquides en circulation des masses anatomiques de puissances thermales qui, charriées par son sang et déposées bientôt dans les cellules organiques, interviendront pour modifier la constitution, et donner une impulsion particulière à la nutrition intersticielle.

Ce phénomène, dernier acte produit par les principes absorbés de nos sources, est sérieux, et prolonge son action pendant six à huit mois après la cure. Averti, on serait coupable si on en interrompait la marche par des imprudences, par des abus alimentaires, par une exposition au froid humide; et je ne saurais trop m'élever

4

contre les idées de voyages vers le Nord, et même vers le Sud, qui prennent nos baigneurs le lendemain de leur dernière douche.

Une autre raison très-militante et qui doit engager les malades à rentrer paisiblement au logis après avoir fini à Aix, c'est l'état dans lequel se trouve leur système vasculaire et dermoïde. Les pores ouverts de la peau reçoivent béants les orifices capillaires des sécrétions, qui, soumis encore à l'influence périodique laissée par les sources, exhaleront le matin, à l'heure habituelle où le malade prenait sa douche, une sueur plus ou moins abondante, sueur nécessaire, qu'il faut ménager, et dont la suppression, refoulant l'éréthisme qui la produit, pourrait occasionner les plus fâcheuses conséquences.

Bien des malades perdent les résultats qu'ils devaient attendre de leur cure, par une seule exposition à l'air frais du soir, et il est bien heureux quand la maladie ne va pas au delà. M. Lombard a vu une apoplexie mortelle en être la conséquence. J'ai moi-même été tellement frappé par le nombre de méningites cérébro-spinales que j'ai observées, et trois entre autres chez des médecins mes meilleurs amis, que j'ai dû rechercher s'il n'y avait pas quelques rapports d'antagonisme entre certaines constitutions et nos sources. Je le dirai un jour.

Le malade choisira un beau jour, et partira d'Aix pour son domicile, emportant dans son économie les éléments de nos sources qu'il ira incuber. Il fera parfaitement en demandant à son médecin thermal un rapport sur sa situation. Il le présentera à son docteur ordinaire. Ce dernier réglera le régime hygiénique et diététique; puis, profitant des conditions actuelles de l'organisme, il continuera, s'il y a lieu, une médication intercurrente commencée, ou en prescrira une autre, si elle est nécessaire; car il sait que les forces absorbantes, multipliées par l'exhalation, continuent à agir avec tant d'énergie pendant cette période de vingt à trente jours qui suit la cure thermale, qu'elles s'approprient les agents modificateurs qui leur sont offerts et les charrient jusque dans les cellules, où elles les déposent en qualité de modificateurs constitutionnels.

<hr />

APPENDICE.

Avant de terminer ce rapport fait à la hâte, parce que celui que j'avais élaboré le premier n'était pas dans les conditions de notre règlement, j'éprouve le besoin de recourir à la bienveillance des lecteurs pour en excuser les imperfections, et la légèreté surtout à l'endroit des indications qu'il me reste à fournir sur les eaux de Marlioz, de Challes, de Coëse, de Saint-Simon et de la Boisse.

Ces quatre sources minérales froides, sulfureuses, iodurées et ferrugineuses, peuvent rigoureusement être considérées comme faisant partie de la vallée d'Aix. Le chemin de fer, qui les relie toutes, et les place presque à nos portes, nous les procurera par conséquent abondantes, fraîches et pures, et nous met par ce fait dans les meilleures conditions pour les employer en qualité d'adjuvant de nos sources d'alun et de soufre.

Eau de Challes. — Cette eau minérale est, de toutes les sources de cette nature, la plus chargée d'hydrogène, de sulfure, de sulfure de sodium, d'iodure, de bromure de potassium, de magnésie, etc. Elle semblerait, par suite de l'analyse de M. Henry, apporter à nos thermes des éléments minéraux primitifs que M. Bonjean n'aurait pas trouvés dans nos sources. Si l'analyse chimique pouvait être contestée, ce qui ne me paraît pas vraisemblable, l'analyse pratique confirmerait que réellement cette source à propriétés puissantes, énergiques, procure, par son application en bains, de très-bons effets dans une foule d'affections squammeuses, et, par son appli-

4.

cation en boisson, de notables modifications constitutionnelles, quand l'estomac la supporte.

Eau de Marlioz. — Eau de Challes amoindrie au 5o pour 100, cette source a pourtant sa valeur. Administrée dans les mêmes circonstances que la précédente, elle est mieux acceptée par les voies digestives. Son emploi demande néanmoins des ménagements, et si les dermatoses chroniques, les vices scrofuleux sont attaqués par elle, j'en ai obtenu des résultats plus positifs dans les engorgements des amygdales et le catarrhe pulmonaire.

Eau de Coëse. — Cette source, remarquable par la simplicité de sa composition minéralogique, contient du gaz hydrogène et de fortes proportions de glairine alcaline et iodurée; elle est d'un goût agréable, qui m'a permis de l'employer sans précaution dans les affections chroniques des muqueuses viscérales et des organes leurs annexes.

Eau ferrugineuse de Saint-Simon. — Cette source précieuse s'est malheureusement écartée de son cours; des filtrations d'eaux superficielles ont envahi son lit et l'ont dénaturée. Elle sourd actuellement çà et là, sans parcours déterminé; on la voit apparaître par griffons caractéristiques, et qui bientôt disparaissent. La commission médicale, en appelant l'attention de M. le directeur des thermes sur la perte de cette source, en a fait ressortir les propriétés dans la chlorose, l'anémie, la leucorrhée, etc.

Eau de la Boisse. — Emménagée soigneusement par les soins de l'administration de Chambéry, cette source, richement ferrugineuse, placée sur le bord du chemin de fer d'Aix à Chambéry, arrive très à propos pour nous dédommager de la perte de celle de Saint-Simon.

L'air extérieur dénature promptement les eaux chargées de principes ferrugineux, et les décompose de manière à les rendre im-
puissantes. On ne saurait trop éviter la pénétration de cet agent. Il
convient, quand on les met en bouteille, d'y passer une première
eau, puis d'immerger le verre au fond, afin de la remplir d'eau
profonde, puis de boucher instantanément.

Composition du bureau de la Commission médicale pour 1855 :

Le docteur Blanc, *président.*
Le docteur Veyrat, *vice-président.*
Le docteur Davat (*président sortant*), *secrétaire.*

SUBSTANCES contenues DANS MILLE GRAMMES D'EAU.	DE SOUFRE SULFUREUSE. J. Bonjean. 1838.	D'ALUN SALINE. J. Bonjean. 1838.	DE SAINT-SIMON. FERRUGINEUSE. Saint-Martin. 1853.	DE SAINT-SIMON. AZOTÉE. De Krammer. 1853.	DE MARLIOZ SULFURE-ALCALINE. J. Bonjean. 1850.	DE CHALLES SULFUR. ALCAL. ET BROM. IODURÉ. O. Henry. 1842.	COESE ALCALINE IODURÉE. P. Morin.
Azote..............	0,03204	0,08010	traces	»	9,77 centimètr.	traces	0,026
Acide carbonique libre...	0,02578	0,01334	0,00338	»	4,64 cubes.	»	0,010
— sulfhydrique libre....	0,04140	»	»	»	6,70	2	—
Oxygène..............	»	0,01840	»	»	»	»	0,006
Acide silicique.........	0,00500	0,00430	»	0,008856	0,006	»	—
Silicate de soude.......	»	»	»	»	»	0,0410	—
— d'alumine et de chaux.	»	»	0,00592	»	»		
Phosphate d'alumine.....				»	»	0,0580	0,016
— de chaux...........	0,00249	0,00260	»	»	»		
Fluorure de calcium.....			0,00169	»	»	»	0,012
Sulfure de sodium......	»	»	»	»	0,067	0,2950	0,019
— de fer et manganèse..	»	»	»	»	»	0,0015	0,814
Carbonate de chaux.....	0,14850	0,18100	»	0,235217	0,186	0,0430	—
— de magnésie........	0,02587	0,01980	»	0,016162	0,012	0,0300	—
— de soude...........	»	»	»	»	0,099	0,1377	—
— de fer.............	0,00886	0,00936	0,00127	traces	0,013	»	—
— de manganèse.......	»	»	»	»	0,001	»	—
— de strontiane.......	traces	traces	»	»	»	0,0100	0,033
Sulfate de soude.......	0,09602	0,04240	»	»	0,028	0,0730	—
— de chaux...........	0,01600	0,01500	0,00127	»	0,002		—
— de magnésie........	0,03527	0,03100	»	0,011241	0,018	»	—
— d'alumine..........	0,03480	0,06200	»	»	»	»	0,004
— de fer.............	traces	traces	»	»	0,007	»	0,003
Chlorure de sodium.....	0,00792	0,01400	»	»	0,018	0,0814	—
— de magnesium.......	0,01721	0,02200	»	0,000298	0,014	1,0100	—
Iodure alcalin.........	traces	»	»	»	(potassiq.)q.ind.	1,0009(potassiq.)	—
Bromure de potassium...	»	»	traces	»	q. indéterminée.	»	—
— de sodium..........	»	»	»	»	»	0,0100	0,008
Glairine..............	q. indéterminée.	q. indéterminée.	»	0,020626	q.indéterminée.	0,0221	0,002
Crénate d'oxyde de fer...	»	»	0,01353	»	»	traces	0,012
Oxyde aluminique......	»	»	»	0,001722	»	»	0,002
— magnésique........	»	»	»	0,014795	»	»	»
Sulfate potassique......	»	»	»	0,008893	»	»	»
Perte................	0,01200	0,00724	»	0,002686	0,017	0,0325	»
Parties solides sur mille gr.	0,43000	0,41070	0,01353	0,223750	0,429	0,855	0,973
Température centigrade..	45°,0	46°,5	12°,0	20°	14°,0	12°,0	12°

ANALYSE DES SOURCES D'EAUX MINÉRALES USITÉES A AIX, EN SAVOIE.

PUBLICATIONS DU MÊME AUTEUR.

De l'oblitération des veines. *Archives de Médecine. Paris,* 1853.

De la cure radicale des varices. *Paris,* 1834.

Blessure grave du diaphragme. *Annales d'Hygiène et de Méd. lég. Paris,* 1837.

Plaies d'armes à feu, thérap. thermal. *Gazette des Hôpitaux,* 1842.

Nouveau mode de traitement des fractures de la clavicule. *Union médicale de Paris,* 1849.

Nouveau mode de traitement de l'hydrocèle. *Gazette médicale de Paris,* 1850.

Lettres à M. François, ingénieur en chef des eaux minérales de France, **sur les sources thermales d'Aix.** *Gazette des Hôpitaux de Paris,* 1855.

De la valeur des eaux thermales d'Aix dans les maladies osseuses. *Mémoire présenté à la Société de chirurgie de Paris.*

Paris. — Typographie de Firmin Didot frères, rue Jacob, 56.